AU

Système décimal

DE

et Mesu.

COMPARÉ AVEC L'ANCIEN SYSTÈME

suivi
Tables contenues dans le Tableau
à l'exécution de la loi du 4 juillet 18...

BEZENAC

OFFICIER D'ARTILLERIE

LYON

DE LOUIS PERRIN

V

32186

**UNIVERSITÉ**
DE·FRANCE.

**ACADÉMIE**
de Lyon.

Lyon, le 31 août 1839.

N° 1605.

M. BÉZÉNAC,

J'ai reçu avec la lettre que vous m'avez adressée, le mois dernier, un exemplaire du Tableau et du livret qui l'accompagne, pour la conversion des anciennes mesures en nouvelles.

Je vous remercie de l'envoi d'un travail entrepris dans un but utile, et qui prouve le zèle que vous avez pour la propagation du système métrique.

Recevez, Monsieur, l'assurance de ma parfaite considération.

*Le recteur de l'Académie,*

Signé : J. SOULACROIX.

**Vu** par nous Maire de la ville de Lyon pour légalisation de la signature apposée ci-dessus de M. J. Soulacroix en la qualité par lui prise.

Lyon, le 2 septembre 1839.

Signé : SÉRIZIAT-CARRICHON, *adjoint.*

**Vu** pour la légalisation de la signature de M. Sériziat-Carrichon apposée.

Lyon, le 3 septembre 1839.

*Le secrétaire général de la préfecture du Rhône,*

Signé : ALEXANDRE.

*Copie de la lettre de M. le Maire de la ville de Lyon.*

**DÉPARTEMENT**
du Rhône.

Lyon, le 2 septembre 1839.

**MAIRIE**
DE LA
**Ville de Lyon.**

*Secrétariat.*　　　　M. Bézénac,

J'ai l'honneur de vous accuser réception du Tableau que vous avez composé pour la conversion des anciennes mesures en nouvelles.

Ayant déjà favorisé autant qu'il était en moi les tentatives faites pour mettre à la portée de notre population les rapports existants entre les anciennes et les nouvelles mesures, je ne puis qu'accueillir avec intérêt un travail qui concourt à atteindre ce but si éminemment utile.

Agréez, Monsieur, l'assurance de ma considération.

*Le Maire de la ville de Lyon,*
Signé : CHINARD, *adjoint.*

Vu à la préfecture du Rhône pour la légalisation de la signature de M. Chinard, adjoint au Maire.
Lyon, le 3 septembre 1839.
*Le secrétaire général de la préfecture,*
Signé : ALEXANDRE.

Nota. La propriété de cet ouvrage m'étant exclusivement acquise, ayant satisfait à toutes les exigences prescrites par la loi, je poursuivrai en contrefaçon ceux qui se permettraient de vendre, colporter et de livrer au commerce les exemplaires et brochures explicatives non revêtus de ma signature.

*L'éditeur,*　　　**CHAPEAU**, aîné.

*Rue des Célestins, n. 6, à Lyon.*

# TRAITÉ

## du Système Décimal

DES

# POIDS ET MESURES

## COMPARÉ AVEC L'ANCIEN SYSTÈME,

suivi
de l'explication des Tables contenues dans le Tableau comparatif,
dressé en exécution de la loi du 4 juillet 1837,

## par Nicolas BÉZÉNAC,

ANCIEN OFFICIER D'ARTILLERIE
ET EX-COMPTABLE DES ADMINISTRATIONS MILITAIRES.

## LYON.

IMPRIMERIE TYPOGRAPHIQUE ET LITHOGRAPHIQUE
### DE LOUIS PERRIN,
Rue d'Amboise, 6, quartier des Célestins.
1839.

# TRAITÉ

## DU SYSTÈME DÉCIMAL

des

# POIDS ET MESURES

## COMPARÉ AVEC L'ANCIEN SYSTÈME.

La législation actuelle, en prescrivant rigoureusement l'uniformité des poids et mesures dans toute la France, rend un bienfait éminent à toutes les classes de la population, et anéantit cette foule de démonstrations locales qui, par la différence de nom et de valeur, contrarie fréquemment toute transaction commerciale et toute opération industrielle.

Une base invariable pour les nouvelles dénominations ; un mode facile pour faire toute espèce de calcul ; enfin, un système général et suivi dans toutes les villes du royaume : tels sont les avantages qui découlent du système métrique. La déraison seule peut lui créer des détracteurs; mais ils se tairont alors qu'une courte pratique l'aura fait connaître, et que la loi intervenue à ce sujet, le 4 juillet 1837, sera mise à exécution.

La publicité donnée à cette loi par l'organe de la presse et par les avis réitérés des autorités de chaque localité, ne permet pas de penser qu'on en ignore les dispositions, ainsi que les peines qu'elles prononcent en cas d'infraction et même d'inexécution. Le moment approche où il ne sera plus permis de les éluder, et toutes les classes de la société qui, par la nature de leur profession, seront tenues de s'y conformer, accueilleront sans doute avec faveur tous les ouvrages qui, en les aidant à se familiariser avec ce système, les abriteront contre des contraventions multipliées.

Cette considération a porté un ancien officier d'artillerie, versé dans les mathématiques, à dresser le présent tableau, qui offre incontestablement un intérêt réel.

## DU SYSTÈME MÉTRIQUE.

Le nouveau système des poids et mesures est appelé métrique, parce que le mètre en est la base. On l'appelle aussi système légal, parce qu'il est le seul reconnu par la loi, et, par conséquent, obligatoire pour tous les Français. C'est le seul qui doive être enseigné dans toutes les écoles du royaume. On en exige l'usage exclusif dans les actes publics, et dans toutes les opérations commerciales.

La mesure nouvelle dérive d'une mesure linéaire qui sert de type à toutes les autres ; on l'appelle mètre.

Le mètre n'est point une mesure arbitraire, comme nous le démontrerons plus bas.

Les multiples et les sous-multiples de chaque unité se rattachent au système décimal, chaque unité vaut dix unités d'un ordre inférieur ; elle est elle-même le dixième d'une unité supérieure.

Les dénominations employées pour exprimer les multiples et les subdivisions décimales sont tirées du grec et du latin, et sont les mêmes pour toutes les mesures qui sont disposées en système méthodique.

On appelle système, l'assemblage raisonné de plusieurs conséquences tirées du même principe.

Sept mots ont suffi pour la disposition de tout le système ; en ajoutant à ces sept mots les six noms des nouvelles unités, on aura en tout treize mots nouveaux qu'il faut confier à sa mémoire pour connaître les multiples, les subdivisions et les unités de tout le système métrique. (*Tableau n° 8.*)

La conservation de la mesure qui sert de base au système légal importait trop aux sciences pour

qu'on ne cherchât pas à la rattacher à une dimension invariable. L'Académie des sciences pensa que
les dimensions du globe terrestre étaient propres à fournir ce type invariable ; elle chargea
MM. Delambres et Méchin de les répéter et de
continuer avec une exactitude parfaite, les opérations antérieurement exécutées pour mesurer l'arc
du méridien qui traverse la France.

Ainsi, au moyen de procédés rigoureux,
MM. Delambres et Méchin mesurèrent l'arc du
méridien de la France, depuis Dunkerque jusqu'à
Barcelonne ; plus tard, MM. Biot et Arago ont
continué cette mesure, depuis Barcelone jusqu'à
l'île de Formentera (Méditerranée). On obtint pour
mesure du quart du méridien terrestre, qui va du
pôle à l'équateur, une longueur de 5,130,740
toises. La toise dont il s'agit ici est la toise ancienne dite toise du Pérou.

En divisant ce nombre par 10,000,000, c'est-
à-dire, en séparant 7 chiffres sur la gauche, le
quotient eût été de 0 toise 5,130,740 longueur du
mètre, qui équivaut à 3 pieds 0 pouces 11 lignes
296 millièmes de ligne.

Si, au lieu de diviser 5,130,740 toises par
10,000,000, on les eût divisées par 1,000,000,
c'est-à-dire, si l'on eût reculé le point de 6 rangs
vers la gauche, le quotient eût été de 35 toises
130740, unité de mesure de plus de 30 pieds de
longueur, et, par conséquent, très incommode
dans la pratique.

Si l'on eût divisé au contraire 5,130,740 par 100,000,000, le quotient 0 toise 05130740 eût fourni une mesure de 3 pouces 1/2 environ, beaucoup trop petite pour être employée commodément.

La longueur d'une mesure doit être proportionnée à celle des lignes que l'on veut mesurer : ainsi, il serait très incommode d'énoncer en mètres, la distance de Paris à Rome, parce que le nombre d'unités serait trop considérable. Il serait de même très incommode d'employer le mètre pour mesurer l'épaisseur d'une glace ; car cette épaisseur serait une trop petite fraction du mètre.

Pour estimer les lignes plus petites que le mètre, on le partage en dix parties égales appelées *déci-mètres*, c'est-à-dire dixième de mètre ; le décimètre se divise lui-même en dix parties appelées *centimètres*, c'est-à-dire centième de mètre ; le centième se divise aussi en dix parties égales appelées *millimètres*, c'est-à-dire millième du mètre ; le dix-millimètre en dix cent-millimètres, etc.

Pour estimer les lignes plus grandes que le mètre, soit les multiples du mètre, on a formé 1° une unité de 10 mètres, appelée *décamètre*, 2° une unité de 10 décamètres ou 100 mètres, nommée *hectomètre*, 3° une unité de 100 hec-tomètres ou 100 décamètres ou 1,000 mètres, appelée *kilomètre*, 4° enfin, une unité de 10 kilomètres ou de 100 hectomètres, ou de 1,000 décamètres, ou de 10,000 mètres, appelée *myria-mètre*.

Les dénominations données pour les multiples du mètre, ainsi que pour ses subdivisions déci-males sont les mêmes pour les autres unités indi-quées ci-après pour le système métrique.

Nous allons désigner chacune de ces unités, en indiquant leur valeur comparée à celle des unités anciennes et leur application respective aux usages de la vie.

## MESURES DE LONGUEUR.

*Myriamètre*. Cette mesure vaut 10,000 mètres. Elle remplace la lieue ancienne et équivaut à 5131 toises de Paris, c'est le double de la lieue commune de 2565 toises 2 pieds.

*Kilomètre*. C'est la dixième partie du myria-mètre; il équivaut à 1,000 mètres, c'est-à-dire à 513 toises et répond à un petit quart de lieue. 5 kilomètres font une lieue commune.

*Hectomètre*, vaut 100 mètres; il équivaut à 50 toises anciennes.

*Décamètre*. C'est la perche métrique, qui a 10 mètres de longueur et qui sert à arpenter; il équivaut à 31 pieds anciens, ou, plus exactement, à 5 toises 0 pieds 9 pouces 4 lignes 96 centièmes de ligne.

*Mètre*. C'est l'unité de mesure. Il sert à mesurer

les petites distances, les étoffes, etc. Appliqué aux usages du commerce ; on calcule les multiples par dizaine, centaine : on ne dit pas un hectomètre de toile, mais 100 mètres. Les multiples myriamètre, kilomètre, hectomètre, sont réservés pour les mesures itinéraires.

*Décimètre.* C'est le dixième du mètre ; il équivaut à 3 pouces 8 lignes, et remplace la palme, l'empan, etc.

*Centimètre.* C'est le centième d'un mètre ; il équivaut à 4 lignes.

*Millimètre.* C'est la millième partie du mètre ; il équivaut à 46 centièmes de ligne, c'est-à-dire, à 1/2 ligne environ.

On voit que le mètre peut, dans ses multiples, être précédé des mots déca, hecto, kilo, myria, mais seulement pour les grandes longueurs. Pour les longueurs ordinaires, on compte par mètres.

## MESURES POUR LES SURFACES.

L'are est un carré qui a 1 décamètre ou 10 mètres sur chaque côté. Il remplace toutes les anciennes mesures agraires : l'arpent, la boisselée, la quarterée, la mancaudée, la sétérée, la bicherée, l'éminée, etc.

*Hectare.* C'est un carré qui a 100 mètres de chaque côté, ou 10,000 mètres carrés. (100 × 100 = 10,000).

*Are*. Unité de mesure de 100 mètres carrés ; elle équivaut à près de 2 perches de l'ancien arpent des eaux et forêts.

*Centiare*. C'est un carré qui a un mètre sur chaque côté, il est le centième de l'are et le dix-millième de l'hectare.

L'are ne reçoit qu'un seul des noms adoptés pour les multiples, c'est l'hectare. Or, on compte par ares jusqu'à 100 ; ensuite par hectares, dizaine d'hectares, centaine, etc., pour les grandes étendues, et par centiares, pour les petites. On ne dit point un déciare, un milliare, etc.

## MESURES POUR LES BOIS DE CHAUFFAGE.

Le stère est l'unité de ces mesures ; il n'a pas de multiple ; on compte par dizaine, centaine de stères.

*Stère*. C'est le mètre cube, qui est une mesure un peu plus grande que le quart de l'ancienne corde des eaux et forêts.

*Décistère*. C'est le dixième du stère, et équivaut à 1,000 centimètres cubes. Il sert à mesurer les bois destinés à chauffer les corps-de-garde.

Le stère n'a pas d'autre subdivision.

# 9

## MESURES POUR LES LIQUIDES ET LES MATIÈRES SÈCHES.

Dans le commerce des liquides ou des matières sèches, comme le blé, l'orge, la farine, etc., l'unité principale est le décimètre cube qui prend le nom de litre, mais le litre n'est pas employé sous la forme cubique, qui eût été incommode dans le commerce. On lui a donné la forme cylindrique : tels sont les litres dont se servent les marchands de liquides et les décalitres et hectolitres dont on fait usage dans le commerce des grains.

Le litre correspond à un peu plus d'une pinte ancienne de Paris ; ses multiples et ses subdivisions sont :

*Hectolitre.* C'est une mesure de 100 litres ou de 100 décimètres cubes ; il équivaut à 107 pintes anciennes de Paris.

*Décalitre.* C'est une mesure de 10 litres, dont la capacité est de 10 décimètres cubes ; il équivaut à environ 10 pintes 3/4, ancienne mesure de Paris; il remplace le broc, la velte, etc.

*Litre.* C'est l'unité principale.

*Décilitre.* C'est le dixième d'un litre ; sa capacité répond à 100 centimètres cubes.

*Centilitre.* C'est le centième du litre ou de 10 centimètres cubes.

La capacité des tonneaux se calcule en hectolitres et en litres. On se sert ordinairement, pour
reconnaître cette capacité, d'une baguette en fer
appelée jauge, divisée sur sa longueur; cette baguette est introduite obliquement par la bonde, on
l'enfonce aussi loin qu'elle peut aller; et ses divisions
donnent la contenance du tonneau en litres.

Comme il pourrait arriver que le bondon ne fût
pas placé très exactement au milieu du tonneau, on
enfonce la jauge à droite et à gauche; si le résultat est le même, c'est la mesure exacte; s'il est
différent, on ajoute les deux résultats et l'on en
prend la moitié.

Les mesures les plus ordinaires des pièces de
vin sont de 2 hectolitres 40 litres, et de 2 hectóli-
tres 30 litres. Les pièces d'eau-de-vie sont beaucoup plus grandes.

Pour mesurer les grains et autres matières sèches,
on emploie :

*Kilolitre.* C'est une mesure dont la capacité est
d'un mètre cube ou de 1,000 décimètres cubes;
il équivaut à environ 3 muids 3/4 de Paris. A
raison de son volume, le kilolitre n'est guère employé que comme mesure de compte.

*Hectolitre.* C'est une mesure de 100 litres, équivalant à près de 7 boisseaux 2/3 de Paris; il est
employé pour le mesurage des grains.

*Décalitre.* C'est une mesure de 10 litres équivalant aux 4/5 de l'ancien boisseau de Paris; on

s'en sert principalement pour la vente des grains en détail.

*Litre.* Il est un peu plus grand que l'ancien litron de Paris et sert pour la vente en détail de la farine et des légumes verts ou secs.

*Décilitre.* Cette mesure n'est usitée que pour les grains propres à l'horticulture.

## Poids.

L'unité des poids est le gramme. Ce poids n'a pas été choisi arbitrairement; s'il s'altérait avec le temps, si des révolutions politiques changeaient nos usages, on pourrait toujours le retrouver, tant que les hommes conserveraient la mémoire du système métrique.

Les multiples et les subdivisions du gramme sont :

*Myriagramme.* C'est un poids de 10,000 grammes, qui équivaut à 20 livres 6 onces 7 gros, poids de marc; il est fréquemment employé dans les maisons de roulage et dans le commerce en gros.

*Kilogramme.* C'est un poids de 1,000 grammes; il est égal à celui d'un décimètre cube d'eau distillée, ou poids d'eau distillée que peut contenir un litre : il équivaut à 2 litres 6 onces 5 gros 35 grains et quelques centièmes de grain, poids de marc. On voit donc qu'il est un peu plus grand que deux livres.

*Hectogramme.* C'est un poids de 100 grammes, qui équivaut à 3 onces 2 gros 10 grains et 71 centièmes de grains ; 5 hectogrammes peuvent remplacer la livre ancienne.

*Décagramme.* C'est un poids de 10 grammes qui équivaut à 2 gros 44 grains 27 centièmes de grain.

*Gramme.* C'est l'unité de poids équivalant à 18 grains.

*Décigramme.* C'est le poids d'un dixième de gramme ; il équivaut à 1 grain et 88 centièmes de grain, poids de Marc,

*Centigramme.* C'est le poids d'un centième de gramme.

*Milligramme.* C'est le poids d'un millième de gramme ; il ne s'emploie que dans l'appréciation des objets les plus légers [1].

Bien des personnes confondent le mot kilo avec celui de kilogramme. Le mot kilo ne signifie pas plus kilogramme que kilomètre, kilolitre ; il exprime le nombre 1000 et ne peut s'isoler des mesures avec lesquelles il se combine.

# Monnaies.

*Pièces d'or*. La pièce de 40 francs pèse 12 grammes 90322. Son diamètre a 26 millimètres.

La pièce de 20 francs pèse 6 grammes 45161. Son diamètre a 21 millimètres.

Comme il serait absolument impossible d'obtenir rigoureusement ce poids, la loi tolère une erreur soit en plus, soit en moins sur le véritable poids.

## Poids de la pièce d'or de 40 fr., avec tolérance.

Tolérance du poids en dedans : 12 grammes 8774.
Tolérance du poids en dehors : 12 grammes 9290.

D'après la loi, la monnaie d'or a une valeur quinze fois et demie plus grande que celle de la monnaie d'argent à poids égal, c'est-à-dire qu'une livre d'or vaut 1,550 fr.

## Poids de la pièce d'or de 20 fr., avec tolérance.

Tolérance du poids en dedans : 6 grammes 406,387.
Tolérance du poids en dehors : 6 grammes 454,516.

## MONNAIE D'ARGENT.

La pièce de 5 francs pèse   25 grammes.
La pièce de 2 francs pèse   10 grammes.
La pièce de 1  franc pèse    5 grammes.
La pièce de 50 centimes pèse  2 grammes.
La pièce de 25 centimes pèse  1 gramme.

## MONNAIE DE CUIVRE.

Le décime ou dixième de franc ( pièce de 2 sous , ancienne dénomination en petit et en grand modèle. )

La pièce de 5 centimes ou 1/2 décime est le vingtième d'un franc.

Le centime est le centième d'un franc.

Toutes les parties du système métrique sont si bien liées entre elles que l'on retrouve la longueur du mètre en plaçant plusieurs pièces d'or à la suite l'une de l'autre :

34 pièces d'or de 20 francs, à 21 millièmes de diamètre , donnent . . . . . . . . . . . . . . . . 0$^m$714
11 pièces d'or de 40 francs, à 26 millièmes de diamètre , donnent. . . . . . . . . . . 0$^m$286
} 1$^m$000

Une autre combinaison donne le même résultat.

32 pièces de 40 francs, à 26 millièmes de diamètre,
donnent. . . . . . . . . . . . . . . . . . $0^m$ 832 $\Big\}$
8 pièces de 20 francs, à 21 millièmes de dia- $\Big\}$ $1^m$ 000
mètre, donnent . . . . . . . . . . . . $0^m$ 168 $\Big)$

On peut encore peser les marchandises avec des pièces d'argent. Un sac de 1,000 francs pèse 5 kilogrammes ; 100 francs pèsent 5 hectogrammes ; on a indiqué plus haut le poids des pièces d'argent.

## SUISSE.

TABLE de Comparaison des Monnaies de la Suisse avec les Monnaies françaises, toutes supposées exactes de poids et de titre, d'après les lois de fabrication.

( FOURNI PAR L'ADMINISTRATION DES MONNAIES. )

| DÉNOMINATION. DES PIÈCES. | POIDS légal. | | TITRE légal. | VALEUR en fr. c., etc. | |
|---|---|---|---|---|---|
| | gram. | millig | | fr. | cent. |
| Or. Pièces de 32 franken de Suisse | 15 | 297 | 904 | 47 | 63 |
| Pièce de 16 id. | 7 | 6485 | 904 | 23 | 81,50 |
| Ducat de Zurich. . . . . . . . | 3 | 491 | 979 | 11 | 77 |
| Id. de Berne. . . . . . . . . | 3 | 432 | 979 | 11 | 64 |
| Pièce de Berne, de 16 franken de Suisse, appelée louis . . . | 7 | 648 | 902 | 23 | 76 |
| Argent. Ecu de Bâle, de 30 batz, ou 2 florins. . . . . . . . . . | 23 | 586 | 878 | 4 | 56 |
| Demi-écu, ou florin de 15 batz . . | 11 | 693 | 878 | 2 | 28 |
| Franc de Berne, depuis 1803 . . | 7 | 512 | 900 | 1 | 50 |
| Ecu de Zurich, de 1781. . . . . | 25 | 037 | 844 | 4 | 70 |
| Demi-écu ou florin, depuis 1781 | 12 | 5285 | 844 | 2 | 35 |
| Ecu de 40 batz, de Bâle et Soleure, depuis 1798 . . . . . . . . . | 29 | 480 | 901 | 5 | 90 |
| Pièce de 4 franken de Berne, 1799 | 29 | 370 | 901 | 5 | 88 |
| Id. de 4 franken de Suisse, 1803 | 30 | 049 | 900 | 6 | » |
| Id. de 2 franken de Suisse, 1803 | 15 | 0243 | 900 | 3 | » |
| Id. de 1 franken de Suisse, 1803 | 7 | 5125 | 900 | 1 | 50 |

# ANCIENNES MESURES.

## Mesures de longueur : Coudée, Brasse, Aune, Pied, Pouce, Perche, Lieue, etc.

Les anciennes mesures de longueur étaient très compliquées. Dans les anciens temps , on trouve la coudée , longueur de l'avant-bras : c'est une mesure très employée dans l'histoire des Hébreux.

La brasse, ou étendue des deux bras , servait à mesurer les cordages ; mais ces mesures , qui changeaient selon la grandeur des individus , n'avaient aucun caractère régulier.

Dans les temps plus rapprochés on trouve :

La toise, qui valait 6 pieds ; le pied , qui valait 12 pouces ; le pouce, qui valait 12 lignes ; la ligne, 12 points.

Ces mesures étaient destinées à apprécier les petites longueurs.

L'aune servait à mesurer les étoffes.

La perche , qui avait tantôt 18 , 19, 20 , 22 , etc. pieds, s'employait pour mesurer des longueurs plus considérables.

Enfin, lorsqu'on mesurait les distances de ville à ville , de royaume à royaume , on se servait de la lieue. On distinguait :

La petite lieue ou lieue de poste, de 2,000 toises.

| | | |
|---|---|---|
| La lieue terrestre, de | 2,280 — | 2 pieds. |
| La lieue moyenne, de | 2,265 — | 2 pieds. |
| La lieue marine, de | 2,850 — | 2 p. 1/2 |

## MESURES DE SUPERFICIE.

Pour mesurer les petites superficies, on employait :

| | |
|---|---|
| La toise carrée, ou | 36 pieds carrés. |
| Le pied carré, ou | 144 pouces carrés. |
| Le pouce carré, ou | 144 lignes carrées. |
| La ligne carrée, ou | 144 points carrés. |

Pour mesurer les surfaces des champs, on se servait de l'arpent, qui contenait 100 perches carrées; la perche avait, on le répète, 18, 19, 20, 22, 24 pieds de longueur, selon les provinces.

La perche de Paris avait 18 pieds de longueur, et par conséquent la perche carrée valait 324 pieds carrés,

La perche des eaux et forêts avait 22 pieds de longueur, et la perche carrée valait donc 484 pieds carrés.

## MESURES DE SOLIDITÉ.

Pour mesurer les solides, on employait :

2

La toise cube , ou    216 pieds cubes.
Le pied cube, ou   1,728 pouces cubes.
Le pouce cube , ou   1,728 lignes cubes.
La ligne cube , ou   1,728 points cubes.

Pour mesurer le bois de charpente , on prenait pour unité la solive égale à 3 pieds cubes. On la considérait comme ayant 6 pieds de longueur, 1 pied de largeur et 6 pouces d'épaisseur. Ces trois dimensions, multipliées entre elles, produisent effectivement 3 pieds cubes.

La solive se divisait en six parties que l'on nommait pieds de solive ; le pied de solive se divisait en 12 pouces de solive ; le pouce de solive, en 12 lignes de solive , etc.

Le bois de chauffage se calculait en cordes des eaux et forêts et cordes de Paris.

La corde des eaux et forêts valait 112 pieds cubes et se divisait en deux voies.

## MESURES.

Les grains se mesuraient au muid , qui se composait de 12 setiers; le setier se composait de 12 boisseaux ; le boisseau , de 12 litrons.

Pour la mesure des vins , on se servait du muid , qui valait 288 pintes ou 36 veltes ; la velte valait 8 pintes et la pinte, 2 chopines.

## MESURES DE DURÉE.

Les divisions de l'année n'ont pas changé.
L'année se divise en 365 jours 5 heures 48 minutes
51 secondes 6/10. Elle se compose de 12 mois.
Les mois de janvier, mars, mai, juillet, août,
octobre, décembre, ont 31 jours. Les mois d'avril,
juin, septembre, novembre, ont 30 jours. Le mois
de février a 28 jours et 29 dans les années
bissextiles, qui reviennent tous les quatre ans. Le
jour est de 24 heures ; l'heure de 60 minutes ; la
minute de 60 secondes ; la seconde de 60 tierces.

## MESURES DE PESANTEUR.

Pour mesurer le poids de différents corps, on
employait :

| | | |
|---|---|---|
| La livre , qui valait | 2 | marcs. |
| Le marc , qui valait | 8 | onces. |
| L'once , qui valait | 8 | gros. |
| Le gros , qui valait | 72 | grains. |

Pour indiquer le poids des marchandises trans-
portées sur les navires marchands , on les calculait
en tonneaux ; le tonneau de mer pesait 2 milliers ;
le millier pesait 10 quintaux ; le quintal pesait
100 livres poids de marc.

### INCONVÉNIENTS DES ANCIENNES MESURES.

Les mesures que nous venons d'indiquer étaient celles en usage à Paris. Les autres provinces avaient leurs mesures particulières ; des villes de la même province avaient souvent des mesures différentes.

Parmi les mesures du Midi, on trouvait : la canne de Montpellier, la canne de Toulouse, la canne de Carcassonne, le pied de Bordeaux, la palme de 102 lignes, de 103 lignes 1/3, etc., etc., qui servaient à calculer les longueurs.

La sétérée, de 576 perches carrées, à 14 empans par perche, la sétérée de 600, de 630, de 666 et même de 1,392 perches carrées, servaient à mesurer les superficies agraires.

La sétérée de 576 perches n'était pas partout la même ; car, la perche avait tantôt 10, tantôt 14 ou 16 empans. Les empans étaient différents ; on distinguait les empans de Toulouse, ceux de Montauban, ceux de Bagnères, de Castel-Sarrazin, etc., etc.

On doit comprendre combien il était facile à la mauvaise foi de profiter de cette confusion.

Outre la sétérée, on se servait encore, dans le Midi, de l'éminée de 417 perches carrées, à 16 empans de Montauban ; de la dinarade de 216 perches carrées, à 18 empans 1/3 de Montauban ;

de la coucade , de la sétérée, de la quartonnée ,
de la pognérée ; de la sextérée , de la salmée , du
journal , de l'escat, etc.

Toutes ces mesures variaient sous la même dénomination et donnaient lieu à une foule de procès
entre parents et voisins.

Dans le nord de la France , on calculait la superficie des champs en bonnier , qui valait tantôt 400 ,
tantôt 1,600 verges carrées ; la verge était plus ou
moins longue selon les villes ; la verge de Lille
était plus petite que celle de Dunkerque, etc., etc.

On se servait aussi de l'huitelée, de la men-
caudée , du journal , de l'acre , etc.

Les provinces du centre de la France avaient
généralement adopté les mesures de Paris ; cependant ; on y trouvait la boisselée, la chaîne , la
carrée , la corde , la bicherée , la frondée, etc. ,
qui servaient à calculer la superficie des propriétés
rurales.

Cette énumération incomplète des anciennes
mesures peut donner une idée de la prodigieuse
variété de dénominations introduites par la fraude
dans les temps de la féodalité.

Les subdivisions de l'unité principale étaient
bizarres et fondées sur le caprice.

Les plus graves inconvénients résultaient , pour
le commerce , de cette multiplicité de mesures
incohérentes ; les marchands étaient obligés de
faire des calculs très compliqués pour comparer

les mesures d'un pays à celles d'un autre ; sans ce travail, ils se voyaient exposés à des tromperies et à des ruses de tout genre.

Pour remédier en partie à cet abus, on recourut à des Barêmes ou comptes-faits ; mais toutes les villes n'avaient pas leurs Barêmes.

Les ventes et les contrats entre particuliers faisaient éclore des procès et des contestations qui ruinaient les familles.

Plusieurs de nos rois avaient essayé, mais inutilement, de régulariser les mesures.

Les premiers travaux entrepris, sur l'invitation du gouvernement, pour établir un nouveau système de mesures, remontent au 31 mars 1791 ; mais ce ne fut que le 4 messidor an VII (23 juin 1799), que les savants chargés de cette opération eurent complètement déterminé le mètre et le gramme, unités fondamentales du nouveau système.

# EXPLICATION

## TABLES COMPOSANT L'ENSEMBLE DU TABLEAU.

Les Tables nᵒˢ 1 et 2 indiquent les noms des multiples et des diminutifs du mètre et du gramme.

Les noms exprimés dans cette Table sont communs aux autres unités adoptées dans le système métrique, en observant que pour l'are, il n'y a qu'un seul multiple, *l'hectare*, et un seul diminutif, le *centiare*; que le stère n'a point de multiple, et qu'il n'a qu'un seul diminutif, le *centistère*; enfin, que le franc n'admet point de multiple et n'a que deux diminutifs, le *décime* et le *centime*.

La Table nᵒ 3 présente des opérations relatives au cubage des bois carrés, d'après les anciennes dénominations.

La Table nᵒ 4 présente les quantités cubiques mentionnées dans la précédente, converties en mètres carrés.

La Table n° 5 indique les mesures de capacité pour les liquides, d'après le nouveau système.

Les Tables n°ˢ 6 et 7 présentent la conversion du mètre carré en toise carrée et fractions de toise carrée, ainsi que la conversion de la toise carrée en mètres carrés et fractions de mètre carré. Les nombres fixes pour opérer ces conversions, sont indiqués en tête de chaque Table.

En jetant un coup-d'œil sur la Table n° 6, on voit qu'un mètre carré égale 0,26 centièmes 3245 millionièmes de toise.

Supposons 45 mètres à réduire en toises; il s'agit de multiplier 0,263245 par 45, et de retrancher 6 chiffres au produit, attendu qu'il y a 6 chiffres décimaux au multiplicande : on trouve donc 11 toises 846 millièmes de toise, ou 84 centièmes 6 millièmes : ce dernier chiffre peut être négligé.

Or, avec un simple examen des Tables qui présentent ces fractions, on reconnaîtra facilement que 84 centièmes de toise représentent 5 pieds 3 lignes environ. On peut d'ailleurs consulter la Table n° 18, qui donne ces fractions.

Les explications qui précèdent sont suffisantes pour mettre à même de faire des opérations sérieuses. Ce qui est dit pour un mètre, peut se dire pour 100, 1000, etc.; il ne s'agit toujours que de prendre le nombre fixe pour la quantité de mètres qu'on aura à réduire en toises; néanmoins, nous allons donner un autre exemple :

Soit 6 mètres à réduire en toises ; on trouve pour nombre fixe 1,57944 en face du nombre 6, on multiplie ce nombre 1,57944 par le nombre de toises à convertir , on retranche 5 chiffres, attendu qu'il n'y a que 5 décimales, et le nombre sur la gauche de la virgule, donne les toises que produisent 6 mètres.

Il est important de retrancher exactement les chiffres décimaux, car en en retranchant un de plus, le produit serait dix fois plus petit, et en en retranchant un de moins, on rendrait ce produit dix fois plus grand ; c'est donc là que doit se porter toute l'attention.

La Table n° 7 est relative à la conversion des toises carrées en mètres carrés. C'est absolument la même manière d'opérer que pour la précédente, c'est-à-dire qu'on prend toujours le nombre fixe en regard du nombre de toises à convertir.

La Table n° 8 indique les noms de toutes les unités du système métrique, ceux des multiples et des sous-multiples ou diminutifs de ces unités, ainsi que leur valeur respective.

La Table n° 9 donne la dimension des nouvelles barriques pour le vin et l'eau-de-vie, et leur contenance en litres et pouces cubes de Paris.

La Table n° 10 donne la réduction du poids métrique en poids usuel et en poids de marc.

La Table n° 11 est relative à la réduction de l'aune et de ses fractions en mètres et diminutifs de mètre.

La Table n° 12 présente la réduction du mètre en toise et fractions de toise; les nombres fixés pour opérer cette réduction sont en tête de cette Table.

La Table n° 13 présente la réduction de la toise en mètres cubes et du mètre cube en toise et fractions de la toise.

La Table n° 14 indique les mesures de capacité pour les grains.

La Table n° 15 présente la réduction des fractions de l'aune en fractions décimales, en comparant l'aune au nombre 100; en conséquence, les fractions de l'aune sont figurées par les fractions de 100 : ainsi 1/2 aune vaut 50, moitié de 100; 1/4 d'aune vaut 25, quart de 100, et ainsi des autres fractions.

Pour multiplier des aunes et des fractions d'aune par des fractions de sous et deniers, convertissez, d'après cette Table, les fractions d'aune et fractions décimales, et les sous et deniers aussi en fractions décimales :

Soit 7 aunes 15/16 à multiplier par 2 fr. 7 sous 9 deniers.

Écrivez d'abord 7 aunes, cherchez ensuite dans la Table la fraction décimale qui représente 15/16, vous trouverez 0,93 centièmes et 75 dix millièmes. Le premier facteur de la multiplication, nommé multiplicande, sera donc 7 aunes 9375 dix millièmes.

Convertissez de même 7 sous 9 deniers en déci-

males : à cet effet, reportez-vous à la Table n° 26 ,
qui est établie pour cette conversion ; vous trouverez
que 7 sous donnent 35 centimes , et que 9 deniers
donnent 3 centimes et 75 dix millièmes ; en conséquence, le second facteur de la multiplication ,
nommé multiplicateur , sera 2,3875.

Le produit des deux facteurs obtenu, retranchez
par une virgule 8 chiffres vers la droite ; les chiffres à la gauche de cette virgule , exprimeront les
francs , et les deux premiers vers la droite seront
les décimes et les centimes.

Dans ces opérations, on ne compte que les deux
premiers chiffres décimaux.

La Table n° 16 présente la réduction des lieues
terrestres ou marines en kilomètres.

La Table n° 17 présente la conversion des toises
et pieds en mètres , et des pouces et lignes en
décimètres , centimètres, etc.

La Table n° 18 indique la conversion de la toise,
des pieds , pouces , lignes en centièmes , millièmes, etc. , en considérant la toise représentée
par le nombre 100.

Or, le nombre 100 égale une toise.

5 pieds sont représentés par 0 unité, 8333 dix
millièmes , attendu que 5 pieds étant les 5/6 de la
toise, on a pris les 5/6 de 100 , qui sont, en effet,
0,8333.

4 pieds sont présentés par 0,6666, à un dix millième près, attendu que 4 pieds étant les 2/3 de

la toise, on a pris les 2/3 de 100, qui donnent 0,6666.

Soit 15 toises 5 pieds 4 pouces à multiplier par 6 fr. 7 sous 8 deniers.

Cette opération, déjà assez compliquée, devient simple et facile en convertissant les fractions en décimales. Voici un exemple de cette conversion :

Écrivez 15 toises, cherchez dans la Table le nombre de décimales qui répond à 5 pieds, vous trouvez 0,8333 ; cherchez encore pour les 4 pouces, vous trouvez 0,0555 que vous ajoutez à 0,8333 ; on a donc pour 15 toises 5 pieds 4 pouces, le nombre 15,8888.

Convertissez de même les 7 sous 8 deniers en fractions décimales, toujours d'après la Table n° 26, vous trouvez que 35 centimes représentent 7 sous, et que 0,033328 représentent 8 deniers ; ajoutez ces deux nombres décimaux, et vous aurez 38 centimes 33 dix millièmes et 28 millionnièmes ; mais on peut négliger ces dernières décimales, et s'en tenir aux 3833 dix millièmes.

D'après ces conversions, la multiplication ne présente pas de difficultés ; il ne s'agit que de multiplier 15,8888 par 6,3833.

On doit juger, par cet exemple, de la différence qui existe entre l'ancien et le nouveau système.

La Table n° 19 sert à trouver facilement le nombre des jours qui séparent deux époques quelconques de l'année. Pour en faire l'application, il faut toujours partir du 1<sup>er</sup> janvier. Supposez l'époque du 1<sup>er</sup> mars au 15 octobre : descendez dans la colonne verticale qui indique les jours jusqu'au 15, et suivez en face la colonne horizontale jusqu'à la case où est le mois d'octobre; on trouve 288 jours, sur lesquels il faut déduire les jours qu'il y a en plus, depuis le 1<sup>er</sup> janvier jusqu'au 15 mars; or, janvier ayant 31 jours, et février 28, en tout 59 jours, qui sont prélevés sur 288, on a pour restant 229 jours.

La Table n° 20 présente la réduction de la livre et fractions en kilogramme, et fractions de kilogramme.

La Table n° 21 est relative aux comptes d'intérêts composés. On appelle intérêts composés, l'intérêt sur intérêts, provenant, tant du capital que des intérêts successifs, d'année en année ou de mois en mois.

Pour savoir à combien se portera, après une époque donnée, le capital d'une somme quelconque, avec les intérêts des intérêts, multipliez le capital par le nombre fixe et invariable placé vis-à-vis le nombre d'années qui indique l'échéance; le produit de la multiplication sera la somme due en capital, intérêts et intérêts des intérêts, en retranchant sur la droite autant de chiffres qu'il y aura de décimales au nombre fixe.

Soit un capital de 2,456 francs, à 5 o/o par an, placé pour cinq ans.

Descendez sur la Table, dans la colonne des ans, jusqu'au chiffre 5, et suivez horizontalement jusqu'au taux 5 o/o ; on trouve 1,276,282 pour nombre fixe, lequel étant multiplié par le capital 2,456 francs donne 3,134 francs 548592; en retranchant 6 chiffres sur la droite, on a 3,13454 centimes : on peut forcer d'un centime.

La Table n° 22 sert aussi à calculer les intérêts, au moyen d'un diviseur commun. Cette Table est très usitée dans les comptes-courants. Pour en faire l'application, multipliez, d'après l'intérêt, le nombre de jours par la somme, et divisez le produit par le nombre qui est vis-à-vis l'intérêt.

Supposez un nombre de jours quelconque, produit par la multiplication de la somme par les jours, et que l'intérêt soit à 5 o/o, vous trouverez, en face de 5, le nombre 7,200 qui est le diviseur du produit de la somme par les jours; or, si l'intérêt est à 3, 4, 7, 8, etc., prenez toujours pour diviseur le nombre qui est en regard :

Soit 456 francs à 5 o/o, pour 60 jours.

La colonne du taux 5 o/o donne pour diviseur commun 7,200; multipliez 456 par 60, nombre de jours, le produit sera 27,360 qui, étant divisé par 7,200, donnera pour intérêt 3 francs 80 centimes.

La Table n° 23 sert encore à calculer les intérêts simples par des nombres fixes. La première partie donne des nombres fixes pour l'intérêt par

jour; la seconde les présente par mois. Dans les
deux cas, multipliez le nombre qui est au dessous
du taux désigné, par le nombre de jours ou de
mois; multipliez ensuite les jours ou les mois
trouvés par la somme, et retranchez 6 chiffres
sur la droite, ce qui restera sur la gauche sera
l'intérêt. Si, en comptant par mois, il y avait des
jours en sus des mois, convertissez les mois en
jours et recourez à la première partie de la Table,
qui indique les nombres fixes pour l'intérêt par
jour.

La table n° 24 indique les dimensions des nouvelles mesures pour les liquides.

La Table n° 25 présente la conversion de la
bicherée en hectares, ares, centiares, avec des
nombres fixes pour opérer cette conversion.

La Table n° 26 indique la conversion des sous,
deniers, demi-deniers, en décimes, centimes, millièmes, dix millièmes, etc.

Les Tables n°ˢ 27 et 28 indiquent les noms des
diminutifs de l'hectare, du stère et du franc.

La Table n° 29 présente les divisions et subdivisions de la toise et du temps.

La Table n° 30 indique la conversion de l'arpent
en mètres et en hectares, avec des nombres fixes
pour faire cette conversion.

La Table n° 31 indique la conversion de la livre
et fractions au système décimal, en considérant la
livre représentée par le nombre 100.

On observe, à l'égard des Tables nos 15, 18, 31, où l'unité est représentée par 100, qu'on trouvera, en procédant d'après cette base, bien plus de facilité que d'après le système métrique, puisqu'au moyen d'une seule et même Table, on a tout le système décimal, et qu'une toise, une aune, une livre, enfin, tout entier quelconque aura toujours les mêmes subdivisions. Un objet qui aurait 7 pour entier, se représente par 100; un autre qui aurait 9, 15, 20, etc, sera représenté par le même nombre 100 ; ainsi, dans quelque pays que l'on soit, pourvu qu'il y existe des poids et des mesures, on ne sera pas plus embarrassé qu'en France, et on n'aura plus de fractions différentes, attendu que 100 sera le dénominateur commun de toutes les fractions, quelle que soit leur nature.

Ce système, qu'on pourrait appeler système centésimal, sera démontré plus au long dans un traité d'arithmétique que l'auteur du Tableau doit faire paraître incessamment.

## Méthode pour carrer et cuber un nombre.

On entend par carré le produit d'un nombre multiplié par lui-même. Ainsi, 6 × 6 donne 36 carré de 6.

On entend par cube, le produit d'un nombre multiplié par lui-même, et dont le produit de cette

multiplication est multiplié par ce même nombre :
ainsi, $6 \times 6 = 36$ qui $\times 6$ produit 216.

## Nombres fixes pour convertir les Toises de Paris en Mètres, et les Mètres en Toises (Table n° 12.)

*Toises en mètres :* multipliez les toises par 1,949036, retranchez 6 chiffres, le produit sera la réponse.

*Pieds en mètres :* multipliez les pieds par 0,324839, retranchez 6 chiffres, le produit sera la réponse.

*Pieds en décimètres :* multipliez les pieds par 3,244839, retranchez 6 chiffres, le produit sera la réponse.

*Pouces en centimètres :* multipliez les pouces par 2,708, retranchez 3 chiffres, le produit sera la réponse.

*Lignes en millimètres :* multipliez les lignes par 2,2558, retranchez 4 chiffres, le produit sera la réponse.

*Mètres en toises :* multipliez les mètres par 0,513074, retranchez 6 chiffres, le produit sera la réponse.

*Mètres en pieds :* multipliez les mètres par 3,078444, retranchez 6 chiffres, le produit sera la réponse.

*Decimètres en pieds :* multipliez les décimètres

5

par 0,3078444 , retranchez 7 chiffres , le produit sera la réponse.

*Centimètres en pouces* : multipliez les centimètres par 0,36941 , retranchez 5 chiffres, le produit sera la réponse.

*Millimètres en lignes :* multipliez les millimètres par 0,443296 , retranchez 6 chiffres, le produit sera la réponse.

### Nombres fixes pour convertir les Aunes en Mètres et réciproquement. (Table nº 11.)

*Aunes en mètres* : multipliez les aunes par 1,182054, retranchez 6 chiffres, le produit sera la réponse.

*Mètres en aunes :* multipliez les mètres par 0,845984, retranchez 6 chiffres, le produit sera la réponse.

### Nombres fixes pour convertir les Arpents de 100 perches chacun, en Hectares. (Table nº 30.)

L'hectare est un hectomètre carré, il vaut 263444 toises carrées, 95 centièmes.

L'are est un décamètre carré, il vaut 36 toises carrées 324495 millionièmes.

Le centiare est un mètre carré, il vaut 9 pieds carrés 68 pouces carrés 95 lignes carrées.

## Pour opérer la conversion des Arpents en Hectares.

La perche étant de 18 pieds, multipliez les arpents par 0,341901; en retranchant 6 chiffres, le produit sera la réponse.

La perche étant de 20 pieds, multipliez les arpents par 0,4221; en retranchant 4 chiffres, le produit sera la réponse.

La perche étant de 22 pieds, multipliez les arpents par 0,51702; en retranchant 5 chiffres, le produit sera la réponse.

Tous ces nombres fixes donneront toujours des hectares d'après la longueur de la perche.

## Rapport des anciens Tonneaux de mer en Tonneaux métriques.

L'ancien tonneau de mer était une mesure de pesanteur de 2,000 livres, poids de marc, et de 72,576 pouces cubes ou 42 pieds de capacité.

Il est remplacé comme mesure de pesanteur, par 1,000 kilogrammes (arrêté du 13 brumaire an 9), et comme mesure de capacité, par le mètre cube ou 29 pieds cubes 1739 dix millièmes, poids de 1,000 kilogrammes. (Réglement du 28 messidor an 13.)

L'ancien tonneau de 42 pieds cubes vaut donc 1 mètre cube 439646 millionièmes de mètre cube, et le mètre cube vaut ( ancien tonneau ) 0,694615.

**Voici les nombres fixes pour convertir les anciens tonneaux en mètres cubes, et les mètres en anciens tonneaux.**

Pour les anciens tonneaux en mètres cubes, multipliez-les par 1,439646, retranchez 6 chiffres sur la droite, le produit sera la réponse en mètres cubes.

Pour les mètres cubes en anciens tonneaux, multipliez-les par 0,694615, retranchez 6 chiffres sur la droite, le produit sera la réponse en tonneaux métriques.

**Conversion des livres, poids de marc en kilogrammes et réciproquement.**

Pour les livres, poids de marc, en kilogrammes, multipliez les livres par 0,489506, retranchez 6 chiffres, le produit sera la réponse en kilogrammes.

Pour les livres en hectogrammes, multipliez les livres par 4,89506, retranchez 5 chiffres, le produit sera la réponse en hectogrammes.

Pour les livres en décagrammes, multipliez les

livres par 48,9506, retranchez 4 chiffres, le produit sera la réponse en décagrammes.

Pour les livres en grammes, multipliez les livres par 489,506, retranchez 3 chiffres, le produit sera la réponse en grammes.

Pour convertir les kilogrammes en livres, multipliez les kilogrammes par 2,043, retranchez 3 chiffres, le produit sera la réponse en livres.

Pour les hectogrammes en livres, multipliez les hectogrammes par 0,2043, retranchez 4 chiffres, le produit sera la réponse en livres.

Pour les décagrammes en livres, multipliez les décagrammes par 0,02043, retranchez 5 chiffres, le produit sera la réponse en livres.

Pour les grammes en livres, multipliez les grammes par 0,002043, retranchez 6 chiffres, le produit sera la réponse en livres.

**Nombres fixes pour réduire les Pintes en Litres et réciproquement.**

Pour les pintes en litres, multipliez les pintes par 0,932, retranchez 3 chiffres, le produit sera la réponse en litres.

Pour les litres en pintes, multipliez les litres par 1,0737, retranchez 4 chiffres, le produit sera la réponse en pintes.

Pour réduire les muids ou les veltes en litres et
réciproquement, les litres en veltes ou muids, on
les réduira en pintes, sachant que le muid vaut 36
veltes, et la velte 8 pintes.

## CONVERSION DE LA LIVRE.

| DIVISION de la (LIVRE EN GRAMMES, MILLIGR., ETC.) | HECTOGRA. | DÉCAGRA. | GRAMMES. | DÉCIGRA. | CENTIGRA. | MILLIGRA. | OBSERVATIONS. |
|---|---|---|---|---|---|---|---|
| 1 ℔ | 5 | | | | | | 5 hectogrammes ou 500 grammes. |
| 1/2 m. | 2 | 5 | | | | | 2 hectogr. et 5 décagr. ou 250 grammes. |
| 1/4 ou 4 onces | 1 | 2 | 5 | | | | 1 hect. 2 décagr. 5 gramm. ou 125 gramm. |
| 1/8 ou 2 onces | | 6 | 2 | 5 | | | 6 décagr. 2 gr. 5 décigr. ou 625 décigra. |
| 1/16 ou ℥ | | 3 | 1 | 2 | 5 | | 3 décag. 1 gr. 2 décig. 5 centig. ou 3125 cent, |
| 1/32 ou 1/2 ℥ | | 1 | 5 | 6 | 2 | 5 | 1 décag. 5 gr. 6 décig. 2 cent. 5 mill. ou 15625 millig. |
| 1/64 ou 2 gros ʒ | | | 7 | 8 | 1 | 2 | 7 gr. 8 décig. 2 millig. ou 7812 milligramm. |
| 1 gros ʒ | | | 3 | 9 | | 6 | 3 gr. 9 décig. 6 millig. ou 3906 milligr. |
| 1 denier ʒ | | | 1 | 3 | | 2 | 1 gr. 3 décigr. 2 milligr. ou 1302 milligr. |
| 1/2 denier | | | | 6 | 5 | 1 | 6 décigr. 5 centigr. 1 milligr. ou 651 milligr. |
| 1 grain | | | | | 5 | 4 | 5 centigr. 4 milligr. ou 54 milligrammes. |
| 1/2 grain | | | | | 2 | 7 | 2 centigr. 7 milligr. ou 27 milligrammes. |
| 1 carat | | | | 2 | 1 | 7 | 2 décigr. 1 centigr. 7 milligr. ou 217 milligr. |
| 1/2 carat | | | | 1 | | 8 | 1 décigr. et 8 milligr. ou 108 milligrammes, |
| 1/4 | | | | | 5 | 4 | 5 centigr. 4 milligr. ou 54 milligrammes. |

Dans l'orfèvrerie, l'or et l'argent employés à la confection des bijoux, varient de titre; cependant la loi ne reconnaît que deux titres pour les ouvrages d'argent, avec tolérance de 5/1000 d'erreur. Le premier titre est de 950/1000, et le second de 800/1000.

La loi reconnaît trois titres pour les ouvrages d'or, avec tolérance de 3/1000 d'erreur.

Le premier titre est de 920/1000; le second est de 840/1000, et le troisième de 350/1000.

La Table ci-derrière est utile à MM. les orfèvres, médecins et pharmaciens. On y a joint le carat qui sert à peser les pierres fines.

Si l'on a séparé dans ce Tableau toutes les dénominations, c'est pour habituer de bonne heure à les retenir plus facilement, et à apprendre à les réunir, telles qu'on les voit dans la colonne d'observations.

## ERRATA.

www.ingramcontent.com/pod-product-compliance
Lightning Source LLC
Chambersburg PA
CBHW071347200326
41520CB00013B/3135